Sebastian Genthe

Was wäre wenn? - Analyse der Gefährdungslage bei einem künftigen Vesuvausbruch und Erstellung einer "Gefährdungskarte"

Was wäre wenn? - Analyse der Gefährdungslage bei einem künftigen Vesuvausbruch und Erstellung einer "Gefährdungskarte"

Sebastian Genthe

Was wäre wenn? - Analyse der Gefährdungslage bei einem künftigen Vesuvausbruch und Erstellung einer "Gefährdungskarte"

GRIN Verlag

Bibliografische Information der Deutschen Nationalbibliothek: Die Deutsche Bibliothek verzeichnet diese Publikation in der Deutschen Nationalbibliografie; detaillierte bibliografische Daten sind im Internet über http://dnb.d-nb.de/ abrufbar.

1. Auflage 2006
Copyright © 2006 GRIN Verlag
http://www.grin.com/
Druck und Bindung: Books on Demand GmbH, Norderstedt Germany
ISBN 978-3-640-75945-3

Facharbeit

Thema:
Was wäre wenn?
– Analyse der potentiellen Gefährdungslage bei
einem künftigen Vesuvausbruch und Erstellung
einer „Gefährdungskarte"

Gliederung

1. Einführung in das Thema

Fast jeder Mensch der westlichen Welt hat schon einmal etwas vom Vesuv gehört bzw. assoziiert mit diesem die fürchterliche Katastrophe, den Untergang von Pompeji bei dem Ausbruch im Jahr 79. nach Chr. Die gesamte Stadt wurde damals unter einer meterhohen Ascheschicht begraben und dadurch bis in die heutige Zeit konserviert. Diese damalige Katastrophe sollte gerade heutzutage den Bewohnern, die in den nahen Gebieten leben, ein Lehre sein, welche Kräfte dieser Vulkan freisetzen kann, denn der nächste Ausbruch ist schon seid mehreren Jahren überfällig!Was aber bewegt die Menschen, ihre Häuser an die Hänge bis fast an den Kraterrand heran zu bauen, also in die absolute Todeszone, und sich damit bei einem zukünftigen Ausbruch in Todesgefahr zu begeben?[1]

Ohne vor Ort gewesen zu sein und das Flair, das der Vulkan und die umliegenden fruchtbaren Gebiete auf einen ausüben, gespürt zu haben, wird man wohl kaum verstehen,

warum sich Menschen um den Vesuv ansiedeln. Die einzigartige Landschaft mit ihrer dichten Bewaldung und den Weinstöcken an den Hängen lassen einen leicht vergessen, dass dies alles auf einer fruchtbaren Ascheschicht gedeiht, die durch einen Ausbruch entstanden ist.

Abb. 1

Was passiert, wenn es zu einem erneuten Ausbruch oder gar zu einer Explosion des Vesuvs kommen würde? Lässt sich ein Ausbruch überhaupt vorhersagen? In wie weit kann man das gefährdete Gebiet realistisch eingrenzen? Wie viele Menschen sind betroffen? Kann man die Bewohner rechtzeitig informieren bzw. evakuieren? Wie wird sich ein Ausbruch auf die Böden, das örtliche Klima oder sogar das Weltklima auswirken? Welche Maßnahmen trifft die Regierung, um die umliegenden Bewohner auf einen Ausbruch vorzubereiten? Sehen die Bewohner in ihrem Berg überhaupt noch eine Gefahr oder nur einen Touristenmagneten?

Dies alles sind Fragen, die zu beantworten sind, wenn man die Folgen eines erneuten Vesuvausbruches abschätzen will. In meiner Facharbeit werde ich diese Fragen klären und auch darüber berichten, wie der Vesuv überhaupt entstehen konnte und welche Schäden durch vergangene Ausbrüche entstanden sind.

---

[1] vgl. http://www.daserste.de

2. Die Lage des Vesuvs

Der Vesuv liegt südöstlich von Neapel, 41°N, 14,5°E in Kampanien[1]. Er wird im Süden und Westen von der Küste begrenzt.

3. Die Entstehung und Aufbau des Vesuvs

Vor der wissenschaftlichen Erklärung über die Entstehung, hier eine Sage über die Entstehung des Vesuvs. Danach war der Berg ein verliebter neapolitanischer Edelmann:

"Vesuvius war einst ein neapolitanischer Edelmann, der sich in ein ebenso edles Fräulein der Familie Capri unsterblich verliebt hatte, und diese erwiderte die Neigung aus tiefstem Herzen. Doch die bösen Eltern wollten diese Verbindung auf gar keinen Fall. Um eine heilige Verbindung aber unmöglich zu machen, hatten sie die Tochter Capri auf einem Schiff wegbringen lassen. Die enttäuschte Tochter wollte lieber sterben als ohne den geliebten Vesuvius leben. Also stürzte sie sich auf der Höhe von Capo Minerva ins Meer. Diese tiefe Liebe wurde sogleich belohnt, denn kaum hatte das Fräulein das Wasser berührt, wurde es in einen großen Stein verwandelt, der heute als Insel Capri im Golfe liegt. So konnte sie noch als Insel täglich nach Neapel sehen, wo ihr Geliebter wohnte. Dieser aber, nachdem er von dem wunderbaren Vorfall gehört hatte, begann sofort feurige Seufzer auszustoßen und sich in einen Berg zu verwandeln. Im täglichen Anblick seiner geliebten Dame Capri musste sich bald seine feurige Liebe in echtes Feuer verwandeln."[2]

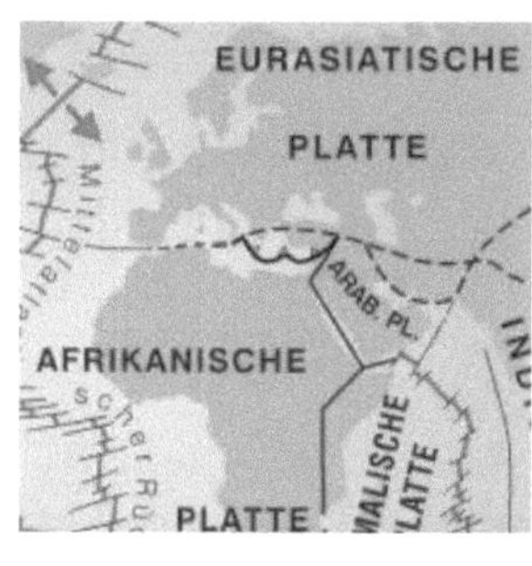

Abb. 2

Der geologische Grund für die Entstehung des Vesuvs ist, dass er sich über einer Subduktionszone befindet. Die Afrikanische Platte bewegt sich mit einer Geschwindigkeit von 2-3 cm pro Jahr Richtung Norden und schließt allmählich das mediterrane Becken. Dabei wird die Afrikanische Platte unter die Eurasische geschoben, wobei sie beim Abtauchen ihre wasserhaltigen Minerale verliert. Das Wasser steigt in höher gelegene Gesteinsschichten und führt zum Zerfließen des Gesteins wodurch Magma entsteht, das im Vesuv die Oberfläche erreicht.[3] [4]

---

[1] AutoRoute
[2] vgl. http://www.kle.nw.schule.de
[3] vgl. http://www.welt.de
[4] vgl. E. L.: Der Vesuv und die Phlegräischen Felder, S.108

Die Entstehung des Vesuvs wird in der Fachliteratur meist in 4 Epochen gegliedert:

1. Vor etwa 12.000 Jahren entstand aus einer sehr großen Eruption die Ur-Somma.

2. Nach einer längeren Ruhepause formte sich die alte Somma, deren Höhe ca.1000m betrug. Ihr Förderschlot stürzte jedoch ein.

3. Es folgte die junge Somma, die bis ins 12. Jahrhundert v. Chr. sehr aktiv war und auf eine Höhe von ca. 2000m anwuchs.

4. Erst im 3. Jahrhundert bildete sich der Vesuv im eingestürzten Kessel der neuen Somma.[1]

Diese Einteilung ist an historische Ausbrüche gebunden, da jeder Ausbruch das Erscheinungsbild des Vulkans bis zu seiner heutigen Gestalt verändert hat. Man nennt den Vesuv deshalb auch einen polygenen Vulkan.[2] Die Form des Vesuvs bezeichnet man als komplexen Stratovulkan[3] [4] (oder auch zusammengesetzter Vulkan[5], Schichtvulkan, gemeiner Vulkan oder gemischter Vulkankegel[6]), da er aus einer unregelmäßigen Wechselfolge von Lavaergüssen und pyroklastischem Material besteht. Diese Vulkanform haben auch der Mayón auf den Philippinen, der Fujijama in Japan, der Mount St. Helens in den USA und der Gipfel des Ätna auf Sizilien[7] [8]. Die Lebensdauer solcher Vulkane beträgt zwischen 100.000 und 10.000.000 Jahren.[9] Als Beispiel für einen „rein" aufgebauten Stratovulkan gilt aber in erster Linie der Vesuv, genauer gesagt sein Ahnherr, der Monte Somma[10].

Ein klareres Bild über die Historie des Vesuvs gibt folgende Grafik, die in sechs Einzelschemata aufgeteilt ist und die Entstehung des Somma-Vesuvs seit prähistorischer Zeit anschaulicher darstellt.

I. Nach dem zweiten prähistorischen Paroxysmus (= aufs Höchste gesteigerte Tätigkeit eines Vulkans[11]) besaß der Ur-Somma-Vulkan einen weiten Gipfelkrater, in dem sich

II. nach der folgenden Dauertätigkeit ein Kegel bildete.

III. Im 12. Jhdt. v. Chr. erreichte dieser zentrale Kegel eine Höhe von ca. 3000m.

IV. Eine lange Periode der Dauertätigkeit fand ihren Abschluss durch den dritten prähistorischen Paroxysmus. Im laufe der Zeit wurde der Krater durch Einsturzmaterial weitgehend aufgefüllt.

---

[1] vgl. http://www.vulkane.net

[2] vgl. http://www.kle.nw.schule.de

[3] vgl. E. L.: Der Vesuv und die Phlegräischen Felder, S.109

[4] vgl. http://www.vulkane.net

[5] vgl. http://www.uni-muenster.de

[6] Herbert Butze: Lavaströme und Ascheregen, S.102

[7] vgl. E. L.: Der Vesuv und die Phlegräischen Felder, S.109

[8] vgl. http://etww.uni-muenster.de

[9] Hans Ulrich Schmincke: Vulkanismus, S.126

[10] H. B.: Lavaströme und Ascheregen, S.102

[11] Duden: Das Fremdwörterbuch

V. Nach der Eruption 79 n. Chr., in der die Somma ihren Gipfel wegsprengte[1], besaß der Vulkan eine weite Gipfel-Caldera (Siehe Pfeil) (Caldera = Durch Explosion oder Einsturz entstandener kesselartiger Vulkankrater [2]), deren höchster Rand den heutigen Monte Somma bildet.

VI. In dieser Caldera, von der nur die nördliche Wand erhalten blieb[3], wuchs in der Folgezeit der Vesuv-Kegel empor, den man auch heute noch in der Gestalt vorfindet. Erst im 3. Jahrhundert entsteht der Vesuv im eingestürzten Kessel der neuen Somma. Von ihr blieb nur die nördliche Wand erhalten, die als zweiter Gipfel 1132 Meter in den Himmel ragt[4].

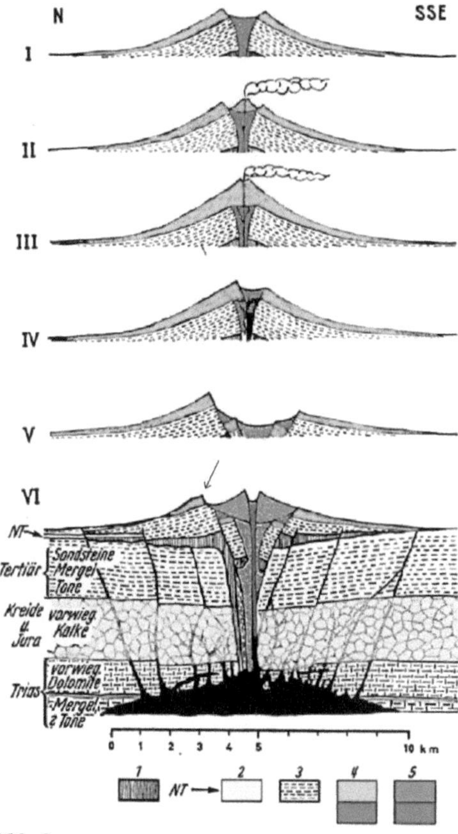

Abb. 3

<u>Legende zur Grafik:</u>

1 = Aufschüttung der ersten, eiszeitlichen Eruptionsphase (diluviale Ursomma)

2 = Gelber, napolitanischer Tuff

3 = Vulkanbau des Alt-Somma in Prähistorischer Zeit

4 = Reste der gesprengten Aufschüttung aus dem 12. Jhdt. V. Chr. (Jung-Somma)

5 = Vulkanbau und Kraterfüllung des Vesuv [5] [6]

Das Fundament des Vesuvs bildet eine Abfolge von tertiären Sandsteinen, Tonen und Mergeln. Es folgen Formationen aus dem erdgeschichtlichen Mittelalter (=mesozoisch), sowie massige Kalke aus Kreide und Jura. Dolomit prägt die Triasformation. Durch die hohe Temperatur des Magmas werden die Gesteine an den Rändern der Magmakammer verändert.

---

[1] vgl. http://www.vulkane.net

[2] Duden

[3] vgl. http://www.vulkane.net

[4] vgl. E. L.: Der Vesuv und die Phlegräischen Felder, S.108,110

[5] Carl Chr. Beringer: Vulkanismus und andere Tiefenkräfte der Erde

[6] vgl. E. L.: Der Vesuv und die Phlegräischen Felder, S.110

Dies nennt man Kontaktmetamorphose. Bei jedem Ausbruch werden Gesteinsbrocken jeder Schicht aus dem Schlot geschleudert, so dass man jedes Gestein auf seine Veränderung hin untersuchen kann. Dabei kam man zu der Erkenntnis, dass die tertiären Gesteine wenige Veränderungen zeigen, die Kreidekalke schon mehr und die Triasdolomite intensiv umgewandelt wurden. Aus den unterschiedlich stark kontaktmetamorph beeinflussten Auswurfprodukten schließt man, dass Trias-Dolomite die Kuppe des Magmaherdes bilden bzw. der Magmaherd sich in der Triasschicht befindet. Der Vulkanologe Rittmann schließt aus dem Fehlen von Formationen unter den Auswürflingen, die älter als die vorhandenen Triasdolomite sind, dass sich der Magmaherd in einer Tiefe von 5-6 km befindet.[1] [2]

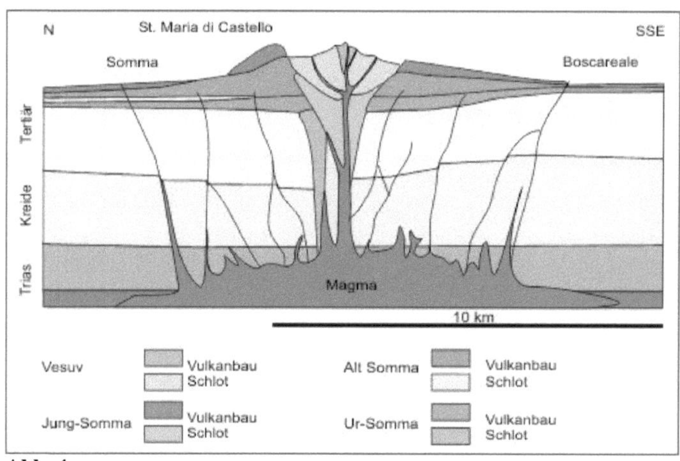

Abb. 4

Um aber die Größe der Magmakammer genauer zu bestimmen, erzeugten Vulkanologen um Paolo Gasparini von der Università di Napoli Federic II kleinere Erdbeben am Rande des Vesuvs. Dabei breiteten sich seismische Wellen in der Erde aus, deren Geschwindigkeit gemessen wurde. Dadurch konnte man Rückschlüsse auf die Struktur des Gesteins der einzelnen Krusten ziehen, und erhielt auch ein dreidimensionales Bild der Kammer. Dieses Verfahren nennt man seismische Tomographie. Die Forscher stellten fest, dass sich der Magmasee in einer fast flachen, umschlossenen Schicht, parallel zu den Schichten der Erdkruste, über eine Fläche von etwa 400 Quadratkilometer erstrecken muss! Mindestens 200 Kubikkilometer Schmelze haben sich dort angesammelt, schätzt Paolo Gasparini von der

---

[1] vgl. E. L. Der Vesuv und die Phlegräischen Felder, S.109
[2] vgl. http://www.kle.nw.schule.de

Universität Neapel – anno 79 nach Christus spie der Berg höchstens fünf Kubikkilometer.[1] Diese heutige Menge an Magma ist größer als die, die der Vesuv seit seiner Entstehung gefördert hat. [2]

4. Historische Ausbrüche

Die vulkanische Tätigkeit des Vesuvs beginnt in der späten Würm- Kaltzeit vor ungefähr 12.000 Jahren. Die ersten Aufzeichnungen über einen Vesuvausbruch finden sich jedoch erst aus den Jahren **1800** und **1600 v. Chr.** Es wird beschrieben dass weite Teile des ägäischen Meeresbodens mit Asche bedeckt wurden. Davor gibt es nur wenige schriftliche Aufzeichnungen von Schriftstellern (z.B. Strabo, Plutarch, Crassus und Florus) aus denen man aber kein genaues Bild des Vesuvs rekonstruieren kann. Dieses Desinteresse dürfte wohl auch daran liegen, dass der Vesuv lange Zeit ruhte und deshalb allgemein als erloschen galt. Man geht aber davon aus, dass die vulkanische Natur des Berges den Naturforschen sehr wohl bekannt war.[3] Nach **1600 v. Chr.** ruhte der Vesuv für etwa 1600 Jahren bis es **79 n. Chr.** zum schwersten Ausbruch in der Antike kam, wobei durch den unaufhörlichen tagelangen Aschefall und dem Niedergehen von pyroklastischen Strömen die antiken Städte Pompeji, Herculaneum und Stabiae zerstört wurden. Ca. 2000 Menschen wurden getötet[4]. Der Ascheregen ging sogar noch in der 200 km südlich liegenden antiken Stadt Paestum nieder. Bei diesem Ausbruch wurde die gesamte alte Bergspitze weggesprengt, wobei als sichtbarer Überrest der Monte Somma übrig blieb, in dessen Innern im Laufe der folgenden Jahrhunderte ein neuer Aschenkegel heranwuchs. [5] Diese Eruption wird Plinianische Explosionen genannt, nach der auch heute noch Vulkanausbrüche benannt sind. Kennzeichnen sind sehr große, explosive Eruptionen, die in kurzer Zeit ca. 10 Kubikkilometer Magma in die Atmosphäre ausstoßen können[6].

Nach **79** bis etwa **1500** befand sich der Vesuv in einer Periode der Dauertätigkeit in der 11 größere Ausbrüche verzeichnet wurden:

203, 472, 512, 685, 787, 968, 991, 999, 1007, 1036, 1139 [7] [8] [9].

[1] vgl. http://www.zeit.de
[2] vgl. http://www2.welt.de
[3] Gustav Schenk: Gott Erde Schöpfer und Zerstörer, S.309/310
[4] vgl. http://www.wetter.at
[5] vgl. http://www.ajb-hennings.de
[6] vgl. http://www.volcanodiscovery.com
[7] G. S.: Gott Erde Schöpfer und Zerstörer, S.310
[8] vgl. http://www.swisseduc.ch
[9] vgl. http://www.ajb-hennings.de

Für die nächsten 500 Jahre gibt es jedoch keine sicheren Berichte über Ausbrüche, man kann jedoch nachweisen, dass der Vulkan in der Zeit etwas zur Ruhe kam.

Nach dieser Ruhephase brach der Vesuv am **16.Dezember 1631** zerstörerischer denn je aus. Fast alle Orte am Fuße des Vulkans wurden zerstört und über 3000 Menschen getötet[1], die höchste Anzahl in der Geschichte des Vesuvs. Sechs Städte wurden durch die Lavamassen zerstört und sogar im 300 km entfernten Tarent fiel noch dichter Ascheregen.[2] Der Gipfel verlor bei diesem Ausbruch 168 m Höhe und der Krater wurde doppelt so groß, was die enorme Dimension dieses Ausbruchs zeigt. Man nennt diese Eruption Sub-Plinianische, explosive Eruptionen, die ähnlich im Stil wie die Plinianische, aber in geringerer Ausdehnung war[3]. Weitere Ausbrüche werden **1638** und **1660** verzeichnet. Mit dem Ausbruch im Jahre **1680** begann die eruptive Phase des Vesuvs die sich bis ins Jahr **1790** hinzog und nochmals über 4000 Menschen das Leben kostete.[4]

1787 besuchte Johann Wolfgang von Goethe, den aktiven Vesuv und beschrieb einen kleineren Ausbruch wie folgt[5]:

" Solange der Raum gestattete, in gehörige Entfernung zu bleiben, war es ein großes, geisteserhebendes Schauspiel. Erst ein gewaltsamer Donner, der aus dem tiefsten Schlunde hervortönte, sodann Steine, größere und kleinere, zu Tausenden in die Luft geschleudert, von Aschenwolken eingehüllt." (Goethe, Italienische Reise)

Am Morgen des 16. Juni **1794** erreichte nach einer heftigen Eruption ein Lavastrom Torre del Greco und floss durch das Dorf ins Meer; zum dritten Mal seit 1631 wurde dieses Dorf unter Lava begraben.[6] Im Jahr **1804** bestieg Johann Gottfried Seume **(Wer)** den Berg und beschrieb, dass der Gipfel eingestürzt und der Vulkan dadurch wesentlich niedriger war, als noch bei Goethes Besuch[7].

Zwischen **1804** und **1898** werden 15 bis 20 Eruptionen vermerkt, wobei die Ausbrüche von **1822** und **1872** als sehr stark hervorzuheben sind.[8] Die Eruption **1872** wird erstmals auf Photographien

Abb. 5

---

[1] vgl. http://www.wetter.ata

[2] vgl. http://www.ajb-hennings.de

[3] vgl. http://www.volcanodiscovery.com

[4] G. S.: Gott Erde Schöpfer und Zerstörer, S.311

[5] vgl. http://www.ajb-hennings.de

[6] G. S.: Gott Erde Schöpfer und Zerstörer, S.311

[7] vgl. http://www.ajb-hennings.de

[8] G. S.: Gott Erde Schöpfer und Zerstörer, S.312

festgehalten (Siehe Abb.5)[1]. Darauf folgte **1874** bis **1880** eine der längsten bekannten Aktivitätsperioden. Ab **1878** fanden langsame effusive, also langsam durch Lava gebildete Flankenausbrüche statt. Die Lava bildete teilweise Staukuppen, wodurch sich 1880-1894 der Colle Margherita (160m hoch, heute jedoch überdeckt und nicht mehr erkennbar) und von 1895 – 1899 der 160m hohe Colle Umberto bildeten. In dieser Zeit wurden insgesamt 86 Millionen Kubikmeter Lava gefördert! Von **1904** an gab es ständige Gipfeltätigkeiten und Schlackeneruptionen und so erreichte der Vesuv 1905 die höchste je an ihm gemessene Höhe mit 1335m.ü.M. **1906** ereignete sich, in Bezug auf die Menge von Auswurfmaterial, einer der größten Vesuvausbrüche geschichtlicher Zeit[2]. Aus dem Hauptkrater wurden tonnenschwere Blöcke nach Nordosten geschleudert. Lockermassen wurden selbst in Neapel mehr als einen Meter hoch angehäuft. Nach dem Ausbruch verlor der Vesuv 107 m an Höhe und war somit nur noch 1223 m hoch. Der bisher jüngste Ausbruch des Vesuvs fand am **22. März 1944** statt. Der heutige tiefe Krater wurde frei gesprengt, der davor durch einen festen Schlammdeckel verschlossen und auch begehbar war[3]. Die Orte San Sebastiano und Massa wurden von einem Lavastrom vernichtet. Aus dem Gipfelkrater stiegen Lavafontänen bis zu 700m hoch auf und eine Aschewolke wurde bis zu 5 km hoch geschleudert. Teile davon wurden mit dem starken Wind bis nach Albanien verweht.[4] Seit **1944** ruht der Berg[5].

5. Heutiges Erscheinungsbild des Vesuvs

Abb. 6

Die derzeitige Höhe des Vesuvs beträgt 1281m[6], der Umfang am Fuße des Berges ca. 50 bis 80km[7]. Der Vesuv selbst besteht aus rötlichem, geröllartigem Gestein (Siehe Abb.6), der Monte Soma jedoch aus schwarz-braunem Stein, der seine Farbe wohl Lava- und Ascheablagerungen zu verdanken hat. Nach einem relativ steilen Anstieg über Lavageröll hat man einen phänomenalen Ausblick über das ganze Gebiet und die ehemaligen Lavaströme, die jetzt aufgrund ihrer Fruchtbarkeit stark bewaldet sind.

[1] vgl. http://www.ajb-hennings.de
[2] G. S.: Gott Erde Schöpfer und Zerstörer, S.312
[3] vgl. http://www.ajb-hennings.de
[4] vgl. E. L. Der Vesuv und die Phlegräischen Felder, S.112
[5] G. S.: Gott Erde Schöpfer und Zerstörer, S.313
[6] vgl. http://www.vulkane.net
[7] vgl. E. L. Der Vesuv und die Phlegräischen Felder, S.108

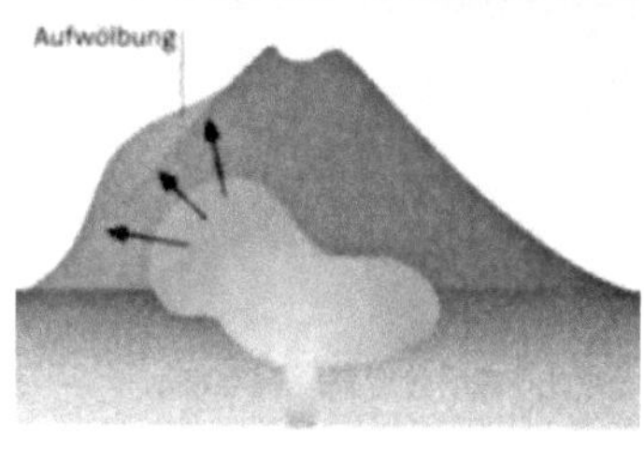

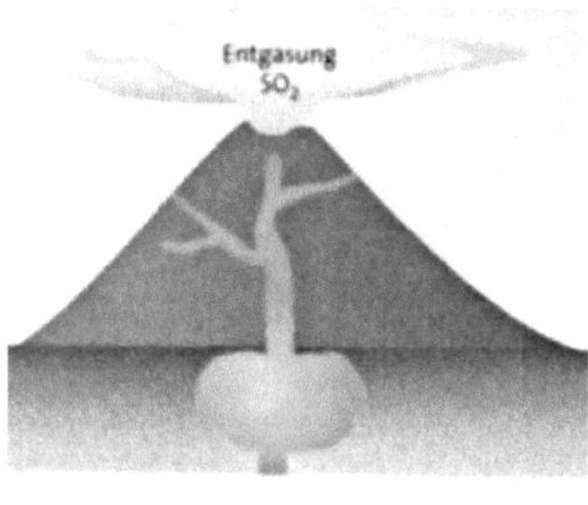

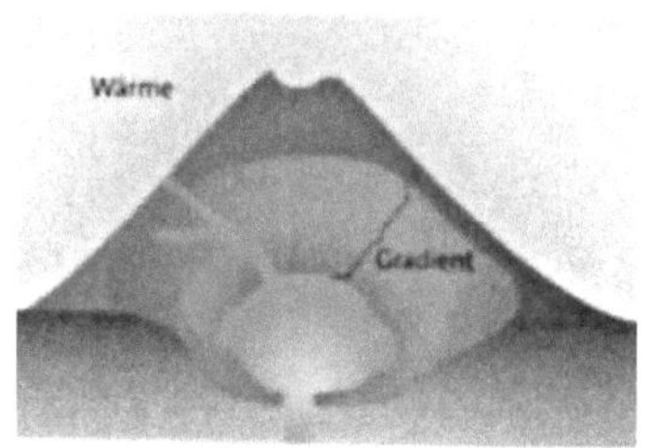

Abb.7

6. Maßnahmen
zur Überwachung des Vesuvs

Ob ein baldiger Ausbruch des Vesuvs zu befürchten ist, lässt sich nur schwierig voraussagen und auch die Expertenmeinungen gehen dabei weit auseinander. Es steht aber außer Frage, dass er auf jeden Fall wieder ausbrechen wird.

Wissenschaftler haben den Vesuv deshalb verkabelt, um jede kleinste Veränderung im Vulkaninneren zu erfassen. Jedes nur kleinste Erdbeben wird von 50 Seismographen, die am Vesuv errichtet wurden, erfasst[1]. Geodätische Methoden werden angewandt, um bei einem Magmaaufstieg ein aufblähen des Berges zu registrieren[2]. Chemische Sonden messen seinen "Atem" und so lange der Schwefelgehalt der austretenden Gase gering ist, geht man davon aus, dass der Vulkan schläft[3]. Infrarotkameras erfassen die Wärmeabstrahlung des Vulkans[4]. Ein Auge wird ebenfalls auf das lokale Erdmagnetfeld geworfen, da es bei einem Ausbruch, durch Aufschmelzvorgänge im Erdinneren, zu Änderungen des lokalen Erdmagnetfeldes kommen würde[5].

Nach der Auswertung einiger gewonnen Daten kamen die Wissenschaftler zu der Schlussfolgerung, dass das Magma in Richtung Schlot wandert[6]. Von einem baldigen Ausbruch kann aber deshalb noch nicht gesprochen werden, da nach Worten des Chefvulkanologen des Observatoriums in Neapel vom März 2001, seismische Aktivitäten und die Gastemperaturen rückläufig sind.[7]

---

[1] vgl. http://www3.ndr.de
[2] vgl. http://www.brockhaus.de
[3] vgl. http://www.daserste.de
[4] vgl. http://www.welt.de
[5] vgl. http://science.orf.at
[6] vgl. http://www.welt.de
[7] vgl. http://www.volcanoes.de

Dies zeigt, dass die Ruhephase des Vesuvs wohl noch anhält, was auch von den Daten eines Seismographen, der am Fuße des Vesuvs aufgestellt ist, bestätigt wird (Siehe dazu im Anhang Abb. 10).

7. Die Entwicklung der Solfatara

Die Entwicklung der Solfatara, eine der 27 erloschenen Krater in den Campi Flegrei[1], ist jedoch beängstigend. Dieser Krater bedroht Neapel wohl noch stärker als der Vesuv, da die Phlegräischen Felder aus derselben Magmakammer gespeist werden, wie der Vesuv, was folgende Grafik veranschaulicht.

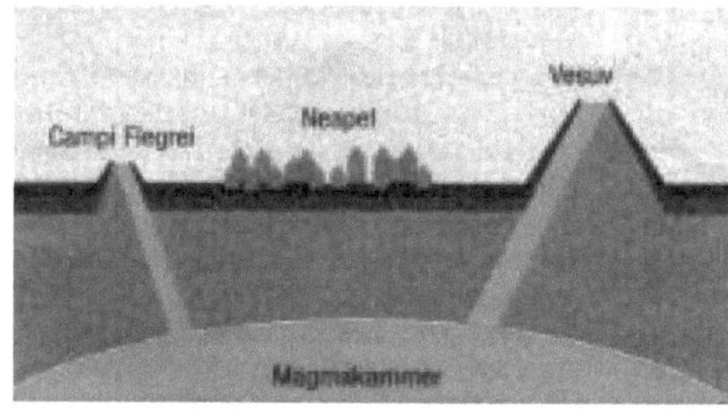

Abb. 8

Seismische Aktivitäten und steigende Temperaturen deuten auf einen Ausbruch in den nächsten Jahren hin. Diese Annahme wird von der Tatsache unterstrichen, dass der letzte Ausbruch der Solfatara schon über 400 Jahre zurückliegt.

Bei einem Ausbruch würde Neapel mit einem Trommelfeuer gasgefüllter Bimssteine bombardiert, was eine Katastrophe mit zahlreichen Toten zur Folge hätte.[2]

8. Ausbruchsvorherbestimmung

Ein Ausbruch des Vesuvs ist statistisch gesehen schon längst überfällig. Üblicherweise bricht er alle 25 bis 50 Jahre aus und der letzte Ausbruch war[3], wie schon gesagt, 1944. Es gab aber auch schon Phasen in denen der Vesuv über mehrere Jahrhunderte zur Ruhe kam, um danach zerstörerischer den je auszubrechen. Genau diese Unregelmäßigkeiten machen es so schwer, einen annähernd exakten Zeitpunkt für einen erneuten Ausbruch zu bestimmen. Ein weiteres Problem, das durch längere Ruheperioden des Vesuvs entsteht ist, dass die Menschen Vertrauen zu dem nur scheinbar ruhenden Vulkan fassen. Die Menschen, die einen Ausbruch

---

[1] H. B.: Lavaströme und Aschenregen, S.122
[2] vgl. http://www.welt.de
[3] vgl. http://www.welt.de

unmittelbar erlebt haben sind längst gestorben, ihre Erinnerungen verblassen.[1] Die neue Generation sieht die Gefahr mit anderen Augen und baut ihre Häuser wieder in die bei einem Ausbruch gefährdeten Gebiete am Rande des Berges[2]. Dass der Vesuv jedoch noch aktiv und keinesfalls erloschen ist zeigen kleinere Beben, die das Gebiet regelmäßig erschüttern. Diese entstehen aber durch das sich abkühlende Magma, nicht durch das aufsteigende.[3]

9. Der Ausbruch des Vesuvs

9.1. Der Beginn eines erneuten Ausbruchs

Zuerst ist zu sagen, dass ein zukünftiger Ausbruch des Vesuvs nicht verhindert oder hinausgezögert werden kann. Wie ein erneuter Ausbruch des Vulkans ablaufen könnte und welche Folgen dieser mit sich bringen würde, werde ich im Folgenden erläutern.

Einem Ausbruch gehen zahlreiche kleinere Erdbeben voraus, die die umliegenden Gebiete erschüttern[4]. Im Innern der Zentrale des Vesuvobservatoriums werden die Beben sofort analysiert. Vermutungen werden laut, dass dies Vorboten eines drohenden Ausbruchs sind. Man untersucht, ob sich zusätzlich auch das lokale Erdmagnetfeld geändert hat, was Aufschmelzvorgänge im Untergrund bewirken würden. Sollten diese beiden Faktoren zusammentreffen, wäre es ein sicherer Hinweis für einen anstehenden Ausbruch.[5] Es wird Alarm ausgelöst. Sofort wird das 24-Stunden-Überwachungsteam ins Observatorium gerufen. Es wird beraten, wie viel Zeit noch bis zum Ausbruch bleibt. Man nimmt an, dass die Vorwarnzeit bei ca. 10 bis 14 Tagen liegt. Sehr wenig, wahrscheinlich sogar zu wenig Zeit um alle gefährdeten Gebiete zu evakuieren.[6] Heute leben allein 700.000 Menschen in der so genannten roten Todeszone und wären bei einem sofortigen Ausbruch auf der Stelle tot[7]! Es sind zwar Evakuierungspläne für über eine Million Menschen vorhanden, diese gründen jedoch auf einer 14-tägigen Vorwarnzeit und sind auf einen Ausbruch wie im Jahre 79 ausgelegt.[8] Sollte also der Ausbruch eher erfolgen oder gar in größerem Maße ausfallen,

---

[1] vgl. http://www.gdotsch.de
[2] vgl. http://www.daserste.de
[3] vgl. http://www.br-online.de
[4] vgl. http://www.daserste.de
[5] vgl. http://science.orf.at
[6] vgl. http://www3.ndr.de
[7] vgl. http://www.daserste.de
[8] vgl. http://lexikon.freenet.de

wären die Evakuierungen keinesfalls abgeschlossen, ja es wären sogar mehr Menschen bedroht als angenommen.

<u>**9.2. Maßnahmen der Regierung zur Reduzierung der bedrohten Bevölkerung**</u>

Die Regionalregierung von Kampanien versucht die Bevölkerungszahl in der roten Zone zu reduzieren. Deren aktueller Evakuierungsplan sieht vor, in den nächsten 15 Jahren ca. 150.000 Menschen umzusiedeln werden. Um den Menschen einen Anreiz zu geben, aus den stark gefährdeten Gebieten weg zu ziehen, werden Prämien in Höhe von ca. 30.000 € pro Familie ausgeschüttet. Dieses Angebot findet bis jetzt jedoch noch wenig Gehör bei der Bevölkerung, da bis jetzt nur ca. 30.000 Menschen von dem Angebot Gebrauch gemacht haben.[1] [2] Die Umweltorganisation "Legambiente" spricht sogar davon, dass in den letzten 20

Jahren allein in der roten Zone 50.000 neue, illegale Häuser gebaut wurden[3]!

Dies zeigt schon, dass die Menschen den Vesuv und die tödliche Bedrohung, die von ihm ausgeht, nicht ernst nehmen. Diese Erfahrung konnte ich bei einem Besuch des Vesuvs im August 2005 selbst machen. Dort befragte ich 4 Neapolitaner und drei Kioskbesitzer in Pompeji bzw. auf dem Vesuv. Alle wussten natürlich von der Katastrophe, die sich im Jahr 79 n. Chr. ereignete, wollten aber nichts von einer Wiederholung eines solchen Dramas wissen. Sie vertrauen darauf, früh genug gewarnt zu werden, um sich dann rechtzeitig in Sicherheit zu bringen. Dass dies aber ein großer Trugschluss ist, zeigte sich in den 90er Jahren, als in Neapel das Gerücht gestreut wurde, ein Ausbruch des Vesuvs stehe unmittelbar bevor. Daraufhin entstand ein totales Verkehrschaos, weil jeder versuchte, dem drohenden Unglück zu entkommen. Bei einem realen Ausbruch wären die Menschen in der Falle gesessen und ihrem tödlichen Schicksal nur per pedes entkommen![4]

Viele Neapolitaner sagten mir bei meinem Besuch der Stadt, sie werden ihre urbs bei einer Eruption wahrscheinlich nicht verlassen, weil sie auf einen kleinen Ausbruch des Vesuvs hoffen und sich weit genug weg, also in Sicherheit wähnen.

Dieses Verhalten spiegelt sich auch bei einer Evakuierungsübung in Portici wieder. Dort nahmen kaum Personen teil, weil ihnen ihr Alltag wichtiger erschien, sie kein Interesse hatten oder die ganze Übung schlicht für nutzlos hielten[5]. Die Probleme liegen daher auf der

---

[1] vgl. http://www.welt.de
[2] vgl. http://lexikon.freenet.de
[3] vgl. http://lexikon.freenet.de
[4] vgl. http://www.zeit.de
[5] vgl. http://www3.ndr.de

Hand, denn woher sollen die Bewohner bei einer Bedrohung wissen, wie sie sich korrekt zu verhalten haben bzw. wie können die Behörden jemals denn Ernstfall proben, wenn die Bevölkerung so spielerisch mit diesem Thema umgeht?

Aber selbst wenn doch alle Bewohner der umliegenden Gebiete rechtzeitig evakuiert werden, besteht die Gefahr, dass Teile der Bevölkerung wieder in ihre Häuser zurückkehren, weil sie die Prognosen der Vulkanforscher für eine Fehlinterpretation, also für einen falschen Alarm halten.

Bei einem Ausbruch befänden sie sich dann natürlich in absoluter Lebensgefahr.[1] [2]

Dies zeigt, in welcher misslichen Lage sich die Vulkanforscher befinden. Deshalb wird bei einem größeren Ausbruch mit einer menschliche Katastrophe gerechnet.

9.3. Ausbruch des Vesuvs dargestellt in zwei möglichen Szenarien

Bei einem Versuch mit Schallwellen kamen italienische Forscher zu dem Ergebnis, dass die Magmakammer des Vesuvs inzwischen wieder gut gefüllt ist. Mindestens 200 Kubikkilometer Schmelze haben sich dort angesammelt, schätzt Paolo Gasparini von der Universität Neapel – anno 79 nach Christus spie der Berg höchstens fünf Kubikkilometer.[3]

Folglich steht den Bewohnern Kampaniens ein erneuter Vesuvausbruch kurz bevor.

Welche Dimension ein solcher Ausbruch haben wird, lässt sich ebenfalls an vergangen Katastrophen ablesen.

Ich werde im weiteren Verlauf nun zwei mögliche Arten von Ausbrüchen ausführen. Zum einen eine kleine Eruption mit geringeren Folgen, an den Ausbruch aus dem Jahr 1944 angelehnt, und eine große, schwerwiegende Eruption, auf den Ausbruch im Jahr 79 gestützt.

9.3.1. Zukünftiger Ausbruch und seine Folgen in Anlehnung an den Ausbruch aus dem Jahr 1944

Bei einem kleineren Ausbruche des Vesuvs wird eine Explosion mit weitreichenden Folgen für das Umland ausbleiben. Betroffen sind daher vor allem die unmittelbar angrenzenden Dörfer wie San Sebastiano oder Torre del Greco, eben die Bevölkerung der roten

---

[1] vgl. http://www.daserste.de
[2] vgl. http://www3.ndr.de
[3] vgl. http://www.zeit.de

Zone. Da aber Erdbeben eine drohende Eruption ankündigen, bleibt den Behörden Zeit, die Bevölkerung zu warnen und zu evakuieren. [1]

Abb. 9

12 Tage nach den ersten Beben beginnt nun der Ausbruch des Vesuvs. Der Druck im Innern der Magmakammer stieg an und das sicher darüber befindende Gestein, das den Krater verstopft wird rausgesprengt. Die kleineren Orte Trecase und Boscotrecase werden unter den herabhagelnden Steinmassen begraben. Aus einer neuen Öffnung steigt eine Lavafontäne ca. hundert Meter über den Krater empor. Eine Aschewolke schießt 4 km in die Höhe und wird vom Wind nach Osten Richtung Bari und Tarent über die Apenninen getragen [2]. Die auf dem Weg liegenden Gebiete werden nur von einer dünnen Ascheschicht überzogen, die nach den nächsten Regenschauern aber schon nicht mehr zu sehn sein wird.

An den Vulkanflanken brechen mehrere Öffnungen auf, aus denen Lava austritt, die sich ihren Weg ins Tal bahnt. Die Bevölkerung im Norden des Vesuvs wird durch den Monte Soma weitgehend geschützt bleiben, da die austretende Lava aufgefangen und abgelenkt wird. Die Häuser an den Hängen der anderen Seiten werden von der Lava ungehindert mitgerissen und man kann nur hoffen, dass die Bewohner den Rufen der Wissenschaftler gefolgt sind und sich rechtzeitig in Sicherheit gebracht haben. Ein kleineres Erdbeben erschüttert abermals das Gebiet bevor der Vesuv wieder zur Ruhe kommt und seine Aktivitäten einstellt.[3]

Es dauert einige Tage bis die Lava ausgehärtet ist und wieder begehbar sein wird. Durch Luftaufnahmen aus einem Flugzeug kann man erkennen, dass der Krater des Vesuvs durch den Ausbruch fast bis an den Rand hin mit Gestein und Lava gefüllt ist. Von den Straßen, die vorher noch bis an den Kraterrand führten, ist nichts mehr zu sehn- sie wurden von Lava und Geröll mitgerissen. Etwa 200 Menschen werden verletzt, 30 unter den Lava- und Gesteinsmassen nie mehr gefunden[4]. Sie wollten trotz der zahlreichen Warnungen ihr Hab und Gut nicht verlassen, um es vor Plünderungen zu schützen. Die Bewohner der

---

[1] vgl. http://www.brockhaus.de
[2] vgl. E. L. Der Vesuv und die Phlegräischen Felder, S.112
[3] vgl. http://www.volcanodiscovery.com
[4] vgl. http://www.vesuv.de/steckbrief.htm

umliegenden Dörfer und Städte sind noch einmal mit dem Schrecken davon gekommen, aber ihnen wurde unfreiwillig klar gemacht, mit welchem Risiko sie täglich Leben.

9.3.2. Zukünftiger Ausbruch und seine Folgen in Anlehnung an den Ausbruch aus dem Jahr 79 n. Chr.

Bei einem Ausbruch wie im Jahr 79 n Chr. hätte auch ihr Leben bedroht gewesen sein können. Denn die Wahrscheinlichkeit, dass es sich bei dem nächsten Vesuvausbruch um eine Explosion handelt ist deutlich größer als die, dass es „nur" bei einem kleineren Ausbruch bleibt. Diese Behauptung gründet auf der Tatsache, dass der letzte Ausbruch schon über 60 Jahre her ist und der Vulkan seitdem seine Kräfte für einen erneuten Ausbruch sammelt[1].

Sollte es aber wirklich zu einem Ausbruch mit schwerwiegenderen Folgen kommen, wären die ersten Annzeichen wiederum kleinere Erdebeben. Diese Beben geben aber keineswegs Aufschluss über die Gewalt eines Ausbruchs. So wird es wiederum zahlreiche Menschen geben, die trotz der Warnungen ihre Häuser nicht verlassen.

14 Tage nach den ersten Beben bricht der Vesuv aus. Die gesamte Energie, die sich Jahrzehnte lang im Erdinnern durch den stetig ansteigenden Druck angesammelt hat, entlädt sich auf einen Schlag. Es beginnt eine plinianischen, äußerst explosive Tätigkeit des Vesuvs.

Das Gestein, das den Schlot verstopfte, wird herausgesprengt und prasselt im Umkreis von 20 Kilometern wieder zu Boden. Eine Glutwolke aus Asche, Steinen, Lavafetzen und mehreren hundert Grad heißen Gasen schießt aus dem Krater in den Himmel, fällt nach und nach in sich zusammen und stürzt auf das Umland des Berges nieder.[2]

Abb. 10

Durch die Druckwelle, die die Sprengung hervorruft und die Millionen Tonnen Gestein, die innerhalb weniger Minuten herausgeschleudert werden, wird alles Leben im Umkreis von 7 Kilometer des Kraters ausgelöscht. Manche Gesteinsbrocken werden mit solch einer wucht herauskatapultiert, dass

---

[1] vgl. http://www.br-online.de/wissen-bildung/thema/vulkane/vesuv.xml
[2] vgl. http://2.welt.de

sie erst in bis zu 10 Kilometer Entfernung wieder auf die Erde fallen und in den bewohnten Gebieten, wie in der Stadt Neapel, enormen Schaden anrichten.

Lava fließt aus dem Krater und auch aus Rissen an den Flanken des Berges. Diese Lavaströme bahnen sich ihren Weg ungehindert über einige Dörfer hinweg bis ins Meer und auch Richtung Südosten strömen sie kilometerweit ins Landesinnere.

Mehrere Pyroklastische Ströme, also Wolken aus heißen Gasen, Gesteinstrümmern und Aschen, rasen mit über 100kmh Richtung bzw. durch Pompeji und Portici und hinterlassen eine Spur der Verwüstung[1]. Tage nach der verheerenden Eruption stößt der Vesuv immer noch Asche aus, die vom Wind Richtung Südosten getrieben wird und in einem Gebiet bis in die Türkei und Syrien herabfällt. Feinste Aschen und verschiedene Vulkanische Gase steigen bis in die Stratosphäre und beeinflussen dort das Klima[2].

- Die Anzahl der Opfer bei einem derartigen Ausbruch wäre außerordentlich hoch!

Alle zurückgebliebenen Bewohner im Umkreis von 7 Kilometer sind auf Grund der Explosion sofort tot.

Auf Neapel stürzen Steine so groß wie Pkws nieder und töten zahlreiche Menschen. Personen werden unter zusammenbrechenden Häusern begraben und von umher fliegenden Teilen verletzt bzw. getötet. Das gesamte öffentliche Leben bricht zusammen. Auf den sehr engen Straßen bildet sich ein Verkehrschaos in dem die Menschen auf den Straßen und somit in der Stadt gefangen sind und ihrem vielleicht tödlichen Schicksal nur schwer entkommen können.

Die Häuser und Straßen des Küstengebiets von Ercolano bis Torre Annunziata wurden vollständig von den Lavamassen und den Pyroklastischen Strömen zerstört. Keiner der noch zurückgebliebenen Bewohner wird jemals gefunden.

Teile von Pompeji wurden unter einer meterhohen Lavaschicht begraben. Die meisten Bewohner konnten sich jedoch vor der relativ langsam fliesenden Lava in Sicherheit bringen. Pompeji wurde von den pyroklastischen Strömen ausgelöscht. Aus den östlichen und nördlichen Gebieten des Vesuvs, die weiter als 7km entfernt sind, kommen vergleichsweise wenig Menschen um. Sie werden, wie schon gesagt, vom Monte Soma etwas geschützt und werden somit „nur" von den Gesteinsbrocken getroffen.

Aus ganz Europa werden Hilfsteams zusammengerufen, um die noch Bewohner aus den betroffenen Städten und Dörfern so weit wie möglich zu evakuieren bzw. unter den Trümmern nach Vermissten zu suchen.

---

[1] FWU
[2] vgl. E. L. Der Vesuv und die Phlegräischen Felder, S.109

Die Menschen in dem Einzugsgebiet der weit strömenden Aschewolke werden angehalten Fenster und Türen geschlossen zu halten. Die Asche könnte sich in ihren Lungen absetzen und hätte dort eine Wirkung wie Zement. [1]

Insgesamt sterben nach dieser Eruption ca. 1.5 Millionen Menschen. Über die Hälfte werden jedoch nie gefunden.

Die Folgen für das Klima werden sich erst nach einigen Monaten oder Jahren herausstellen. Als drastisches Beispiel für klimatische Folgen nach einem Ausbruch lässt sich der Tambora auf Indonesien anführen. Nach einem Ausbruch im April 1815 kam es für einige Jahre zu einer drastischen Abkühlung des Weltklimas aufgrund der Verteilung der Asche über die ganze Welt. Auf der Nordhalbkugel viel 1916 deshalb der Sommer, was Hungersnöte und Krankheiten zur Folge hatte. Vor Ort herrschte wegen der dichten Ascheschicht einige Tage totale Dunkelheit. [2]

Dies zeigt, welch schwerwiegende Folgen ein Vesuvausbruch nach sich ziehen kann, selbst wenn die Eruption nicht in dem Maße ausfällt, wie die des Tambora.

---

[1] Wunderwelt Wissen
[2] Wunderbare Welt

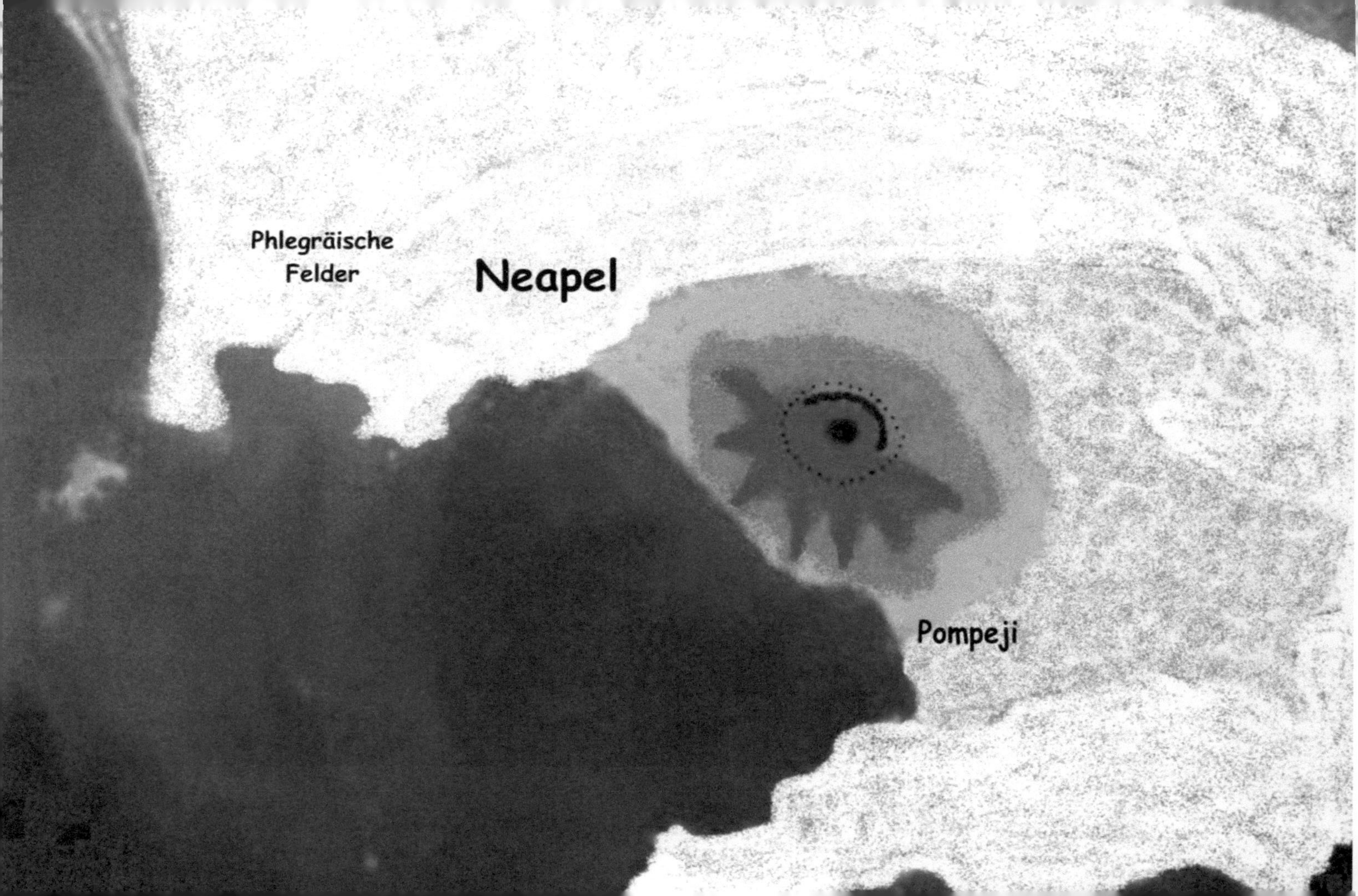

Phlegräische
Felder
Neapel
Pompeji

11. Erklärungen zur Gefährdungskarte

Die Karte basiert auf einem Satellitenbild, in dessen Mittelpunkt der Vesuv liegt. Da durch die farbliche Kennzeichnung der Vesuv nicht mehr zu erkennen ist, habe ich den Krater mit einem ausgefüllten Kreis, den Monte Somma mit einem Halbkreis und den Verlauf des Vesuvs am Fuße des Berges mit kleinen Punkten schwarz erkenntlich gemacht.

Um aus dem Bild nun eine Gefährdungskarte zu erstellen, habe ich zuerst eine Karte gesucht, in der die historischen Lavaströme eingezeichnet sind. Diese Bereiche stufe ich in meiner Karte als besonders gefährdet ein, da sie ja schon einmal von *einem Ausbruch betroffen waren.* Diese stark gefährdeten Bereiche habe ich dunkelrot eingefärbt.

Im weiteren Verlauf spielt vor allem die Entfernung der Gebiete zum Vulkan eine Rolle. Je weiter die Bereiche von diesem entfernt sind, desto mehr nimmt auch das Gefährdungspotential ab. Dies entspricht den beiden helleren rötlichen Tönen in der Karte. Diese Sektoren schätze ich aber immer noch als stark gefährdet ein, da sie von Gesteinsauswürfen und pyroklastischen Strömen, sowie auch von Lavaströmen sehr bedroht sind.

Die Windrichtung, in die die Aschewolke bzw. die Gase abgelenkt werden, habe ich ebenfalls in die Karte miteinbezogen. Da der Wind sowohl im Sommer als auch im Winter immer etwa Richtung Süd-Ost strömt, kann es in diesem Bereich zu dichtem Ascheregen kommen. Die leichte Asche wird vom Wind weiter weggetragen wird [1]. Falls die Ascheauswürfe eine Dimension wie im Jahre 79 n. Chr. erreichen, kann es sogar dazu führen, dass Menschen daran ersticken etc. Kleinere Höhenunterschiede spielen in den Bereichen, die außerhalb der Lavaströme liegen eine untergeordnete Rolle, da diese nur noch von Auswurfmaterialien, wie Gesteine und Asche gefährdet sind. Nur die Gebirge können, je nach Windverhältnissen, darauf Einfluss nehmen. Den von Ascheregen gefährdeten Bereich habe ich dunkelgelb markiert.

Den hellgelben Bereich beurteile ich auch noch als gefährdet. Durch seine Entfernung zum Vesuv dürften sich Schäden aber als nicht allzu gravierend erweisen.

Der weiße Sektor ist für mich der am wenigsten bedrohte Teil. Hier dürften nur vereinzelt Gesteine, die vom Vesuv herausgeschleudert werden, einschlagen. Im Norden wird der weiße Bereich durch die Apenninen begrenzt.

Außerhalb des weißen Bereichs schätze ich die Gefährdung, eben wegen der großen Entfernung zum Vulkan, als äußerst gering ein.

---

[1] Diercke Weltatlas, S.219

12. Der Vesuv- Ein Glück und Leid bringender Berg

Abschließend lässt sich sagen, dass der Vesuv eine sehr große Bedrohung für die dort lebend Bevölkerung darstellt. Diese wird jedoch von niemand wirklich als solche gesehen, die Menschen verdrängen dieses Thema. Etwas unverständlich wie ich finde, da man an den historischen Ausbrüchen leicht erkennen kann, welche Kraft der Vesuv entfalten kann. Aber nach jedem Ausbruch zogen wieder Menschen an die Hänge des Berges und bauten ihre zerstörten Häuser wieder auf. Selbst mit Erklärungen oder sogar Prämien lassen sie sich nicht dazu bringen, in ungefährdete Gebiete umzusiedeln. So wird es auch nach einem zukünftigen Ausbruch mit all seinem Leid nicht lange dauern, bis wieder Menschen in die gefährdeten Gebiete ziehen. Sie verzeihen im jedes mal wieder.

Dies liegt wohl auch an der fruchtbaren Landschaft. Die liegen gebliebene Asche und die erkalteten Lavaströme bilden eine mineralreiche Grundlage. So entstanden im Laufe der Zeit auf einer Fläche von ca. 42000 Hektar zahlreiche Weingärten. Der Vulkanboden bietet im Zusammenspiel mit dem mediterranen Klima und der reichlichen Sonneneinstrahlung eine ideale Grundlage für den Weinrebenanbau.[1] So reift an den Hängen des Vesuvs der Wein „Lacrima Christi del Vesuvio", der zwar als berühmter aber auch als gewöhnlicher Weiß- und Rotwein gilt[2].

Der Vesuv beschert den Menschen, solange er ruht, einen Himmel auf Erden, doch wenn er Ausbricht beschert Trauer und Leid. Ein Berg mit zwei so verschiedenen Gesichtern.

---

[1] www.schweickard-weine.de
[2] Der kleine Johnson

13. Literaturverzeichnis:

13.1. Internetseiten:

- EVELYN LAMY: Der Vesuv und die Phlegräischen Felder, Aufgerufen am 9.5.2005

- http://www.ajb-hennings.de/vulkanvesuv.htm, Aufgerufen am 27.5.2005

- http://www.brockhaus.de/index2.html?service/aktuell/021202.html, Aufgerufen am 9.5.2005
- http://www.br-online.de/wissen-bildung/thema/vulkane/vesuv.xml, Aufgerufen am 5.12.2005

- http://www.daserste.de, Aufgerufen am 27.5.2005

- FWU – Schule und Unterricht/Arbeitsvideo
  VHS 42 02773 (FWU) 3-623-42838-8 (Klett-Perthes) 29 min, Farbe, Aufgerufen am 19.1.2006

- http://www.gdotsch.de, Aufgerufen am 27.5.2005

- http://www.kle.nw.schule.de/gymgoch/faecher/fahrten/ital99/referate/vesuv.htm, Aufgerufen am 19.9.2005

- http://www.kle.nw.schule.de/gymgoch/faecher/fahrten/ital99/referate/vesuv.htm; die Sage war mit dem Link versehen: www.grg15-die.ac.at/inf7b/scheiber.htm (die Sage wurde nicht der neuen deutschen Rechtschreibung angepasst, deshalb steht: mußte -statt: musste) , Aufgerufen am 19.9.2005

- http://lexikon.freenet.de/Vesuv, Aufgerufen am 5.1.2006

- http://www3.ndr.de/ndrtv_pages_std/0,3147,OID701068,00.html, Aufgerufen am 22.12.2005
- http://science.orf.at/science/news/32204, Aufgerufen am 27.5.2005

- http://www.schweickard-weine.de/LEXIKON/campa.htm

- http://www.swisseduc.ch/stromboli/perm/vesuv/history-de.html, Aufgerufen am 5.11.2005

- http://www.uni-muenster.de/MineralogieMuseum/vulkane/Vulkan-6.htm, Aufgerufen am 5.11.2005

- http://www.vesuv.de/steckbrief.htm, Aufgerufen am 8.4.2005

- http://www.volcanodiscovery.com/volcano-tours/volcanoes/europe/italy/vesuvius/?&L=1, Aufgerufen am 5.11.2005

- http://www.volcanoes.de/, Aufgerufen am 29.12.2005

- http://www.vulkane.net/, Aufgerufen am 5.11.2005

- http://www.welt.de/data/2003/09/25/173098.html, Aufgerufen am 21.11.2005

- http://www2.welt.de/data/2003/09/25/173098.html, Aufgerufen am 27.5.2005

- http://www.wetter.at/news-wissen/vulkane/liste/europa, Aufgerufen am 28.12.2005

- http://de.wikipedia.org/wiki/Vesuv, Aufgerufen am 27.5.2005

- http://www.xn--enzyklopdie-s8a.de/Vesuv.html, Aufgerufen am 21.11.2005

- http://www.zeit.de/2003/16/A-Vesuv?page=all, Aufgerufen am 21.11.2005

<u>**13.2. Bücher:**</u>

- Carl Chr. Beringer „Vulkanismus und andere Tiefenkräfte der Erde" S.10; Kosmos 1953
- Der kleine Johnson, 2003, Informationen über 15.000 Weine, zu Jahrgängen und Trinkreife, S. 165, Verlag: Gräfe und Unzer Verlag GmbH München, 24. Ausgabe

- Diercke Weltatlas S.219, Verlag: Westermann Schulbuchverlag, Herstellungsjahr 2000

- Duden: Das Fremdwörterbuch S.157, Verlag: Dudenverlag, 2001, 7.Auflage

- Gustav Schenk: "Gott Erde Schöpfer und Zerstörer" S. 309-313, Verlag: Wissenschaftliche Buchgesellschaft Darmstadt, 1958

- Hans Ulrich Schmincke: Vulkanismus S.126, 200; Verlag: Wissenschaftliche Buchgesellschaft Darmstadt, 2000

- Herbert Butze: Lavaströme und Ascheregen S.102, 122 Verlag: Veb F.A. Brockhausverlag Leipzig, 1955

<u>14. Fernsehen:</u>

- Wunderwelt Wissen, Pro 7, Ausgestrahlt am 8.1.2006, Ausstrahlung dieses Beitrags um 19.15 Uhr

- Wunderbare Welt, ZDF, Ausgestrahlt am 1.Juli.05, 14.00Uhr,
  Titel: Tambora- Der Vulkan der den Winter brachte

<u>15. Bildnachweis:</u>

- Abb. 1: Eigenes Photo, erstellt am 15. August 2005 bei meinem Besuch des Vesuvs

- Abb. 2: Plattentektonik ;Renato Georg Perrog´on (Student der Technischen Universit´at Graz, ¨Osterreich tito82@sbox.tugraz.at)

- Abb. 3: EVELYN LAMY: Der Vesuv und die Phlegräischen Felder, Aufgerufen am
9.5.2005, farbliche Bearbeitung von mir

- Abb. 4: http://userpage.fu-berlin.de/allgeo/Scheuber/Magmatismus/027-Somma-
Vesuv.html, Aufgerufen am 6. September 2005
Karte zeigt: Profil des Somma-Vesuvs (umgezeichnet nach Rittmann 1933).

- Abb. 5: http://www.swisseduc.ch/stromboli/perm/vesuv/history-de.html, Aufgerufen am
5.11.2005

- Abb. 6: Eigenes Photo, erstellt am 25. Januar 2006

- Abb. 7: Hans Ulrich Schmincke: Vulkanismus S.204; Verlag: Wissenschaftliche
Buchgesellschaft Darmstadt, 2000

- Abb. 8: http://www.gdotsch.de, Aufgerufen am 27.5.2005

- Abb. 9: http://www.uni-muenster.de/MineralogieMuseum/vulkane/Vulkan-1.htm

- Abb. 10: http://www.ajb-hennings.de/vulkanvesuv.htm

- Gefährdungskarte:
vgl.: http://volcano.und.nodak.edu/vwdocs/volc_images/img_vesuvius.html

16. Verwendete Computersoftware:

- Microsoft AutoRoute, Verwendet zur Bestimmung der Lage des Vesuvs

- Microsoft Picture It! Photo 2001, Verwendet zur Überarbeitung aller Bilder und Graphiken

- Microsoft Paint; Verwendet zum Anfärben der Gefährdungskarte und der Graphik auf
Seite 6

17. Anhang:

- Abb. 11

Quelle: http://www.ov.ingv.it/index_eng.htm, Aufgerufen am
5.11.2005

Die beiden Bilder zeigen die Lage und die Aufzeichnungen eines Seismographen am
5.11.2005

Die Ausschläge sind sehr gering, d.h. keine Anzeichen für einen Ausbruch.